科学探秘
培养儿童科学基础素养

了解重力
啊，不要掉下来

温会会 / 文　曾平 / 绘

浙江摄影出版社
全国百佳图书出版单位

蹦蹦和跳跳是好朋友。

"我们是世界上最要好的朋友！"蹦蹦和跳跳说。

蹦蹦和跳跳一起在公园里玩纸飞机。

"纸飞机，飞远点！"蹦蹦说着，将纸飞机扔了出去。

"啊，不要掉下来！"眼看着纸飞机就要下落，跳跳着急地说。

"啪！"纸飞机落在了地上。

蹦蹦和跳跳一起在草地上踢足球。

"足球，飞远点！"蹦蹦说着，一脚把足球踢了出去。

"啊，不要掉下来！"跳跳说。

"咚！"足球落在了地上。

蹦蹦和跳跳一起在农场摘西红柿。

"西红柿，我来摘！"蹦蹦说。

"啊，不要掉下来！"跳跳说。

"扑通！"西红柿落在了地上。

蹦蹦和跳跳一起在家里玩追赶游戏。

"杯子快要掉下来了，快躲开！"蹦蹦说。

"啊，不要掉下来！"跳跳说。

"哐当！"杯子落在了地上。

　　就这样，他们发现，纸飞机、足球、西红柿、杯子都会往下掉。

　　两个小伙伴的脑海里冒出了大大的问号："奇怪，为什么东西总是往下掉呢？"

这一天，蹦蹦敲开了跳跳家的门。

"跳跳，我要搬家了。"蹦蹦低着头说。

"啊，搬去哪里？"跳跳惊讶地问。

蹦蹦找来圆滚滚的地球仪，指着上面的一个地方说："搬去地球的另一端。"

"怎么才能到达你的新家呢？"跳跳问。

"从这里出发，跨越大大的海洋，就能到啦！"蹦蹦答。

"我们来叠纸船，让它来跨越海洋吧！"跳跳建议。

于是，两个小伙伴找来彩纸，折叠出了一只好看的纸船。

17

蹦蹦和跳跳让纸船在地球仪上航行。

"纸船，请停靠在我的新家吧！"蹦蹦说。

"啊，不要掉下来！"跳跳说。

"啪！"纸船落在了地上。

蹦蹦找来胶水，把纸船粘贴在地球仪上。

"跳跳，红色纸船所在的地方，就是现在我们待的地方。紫色纸船所在的地方，就是我的新家。"蹦蹦说。

"蹦蹦，我记住了，我会想你的！"跳跳说。

自从蹦蹦搬走之后，跳跳总是闷闷不乐。

有一天，蹦蹦给跳跳打来了电话。

"跳跳，我是蹦蹦！"蹦蹦高兴地说。

"蹦蹦，真的是你吗？"跳跳激动地喊。

蹦蹦和跳跳愉快地交谈起来。

"蹦蹦，你那边的东西也会'扑通'往下掉吗？爸爸妈妈告诉我，由于地球引力，任何物体都会受到重力的作用，所以会往下掉。这个引力是由地球巨大的质量产生的。"跳跳说。

"难怪！我这里的东西也会'扑通'往下掉。"蹦蹦说。

"哈哈哈……"蹦蹦和跳跳对着电话哈哈大笑。

暑假的时候，爸爸妈妈带着跳跳，来到地球的另一端。
两个有爱的小伙伴见到对方，高兴得蹦蹦跳跳！
"我们依然是世界上最要好的朋友！"蹦蹦和跳跳说。

责任编辑　陈　一
文字编辑　徐　伟
责任校对　朱晓波
责任印制　汪立峰

项目设计　北视国

图书在版编目（ＣＩＰ）数据

　　了解重力：啊，不要掉下来 / 温会会文 ；曾平绘
. -- 杭州 ：浙江摄影出版社 ，2022.8
　　（科学探秘·培养儿童科学基础素养）
　　ISBN 978-7-5514-3985-5

　　Ⅰ．①了… Ⅱ．①温… ②曾… Ⅲ．①重力－儿童读
物 Ⅳ．① 0314-49

中国版本图书馆 CIP 数据核字（2022）第 093470 号

LIAOJIE ZHONGLI : A BUYAO DIAOXIALAI

了解重力：啊，不要掉下来

（科学探秘·培养儿童科学基础素养）

温会会 / 文　曾平 / 绘

全国百佳图书出版单位
浙江摄影出版社出版发行
　　　地址：杭州市体育场路 347 号
　　　邮编：310006
　　　电话：0571-85151082
　　　网址：www.photo.zjcb.com
制版：北京北视国文化传媒有限公司
印刷：唐山富达印务有限公司
开本：889mm×1194mm　1/16
印张：2
2022 年 8 月第 1 版　　2022 年 8 月第 1 次印刷
ISBN 978-7-5514-3985-5
定价：39.80 元